淘气猫童话数学
儿童数学启蒙图画书

U0155636

牧童与河伯

·认识大数·

国开童媒 编著　每晴 文　陈楠 图

国家开放大学出版社出版　国开童媒（北京）文化传播有限公司出品
北　京

很久很久以前，在一个叫囤云山的地方，有一个贫苦的小牧童，他每天天一亮就要起床去给地主家放牛。

那是一头老水牛，小牧童很爱惜它，时常带它到河边去吃鲜嫩的草。等水牛吃饱了，他会让它到河里泡个澡，再把它牵回去。

村里的长辈叮嘱牧童，一定要在正午前让水牛上岸，否则就会惊扰了河伯的午休。

触怒了河伯，可是要遭殃的。

这天，水牛吃饱了草，便静静地泡在清凉的河水里。

由于夜里下大雨，屋里四处漏水，小牧童整晚都没睡好，此刻他感到十分疲惫。

他不敢在草地上躺下来，生怕自己会睡过去，只能坐在草地上抱着双膝打个盹儿。

突然，一阵低沉的吼声传来，仿佛云中的一声闷雷。

“是谁让这个牲畜打扰我休息的！”

小牧童被惊醒了！他这才发现，太阳已经越过头顶，微微西斜。糟糕！得罪河伯了！

神通广大的河伯当然知道是怎么回事，也心知这个孩子生活不易。不过，他还是很不愉快。他对小牧童说：

“如果你能通过我的 5 个考验，我就不跟你计较。”

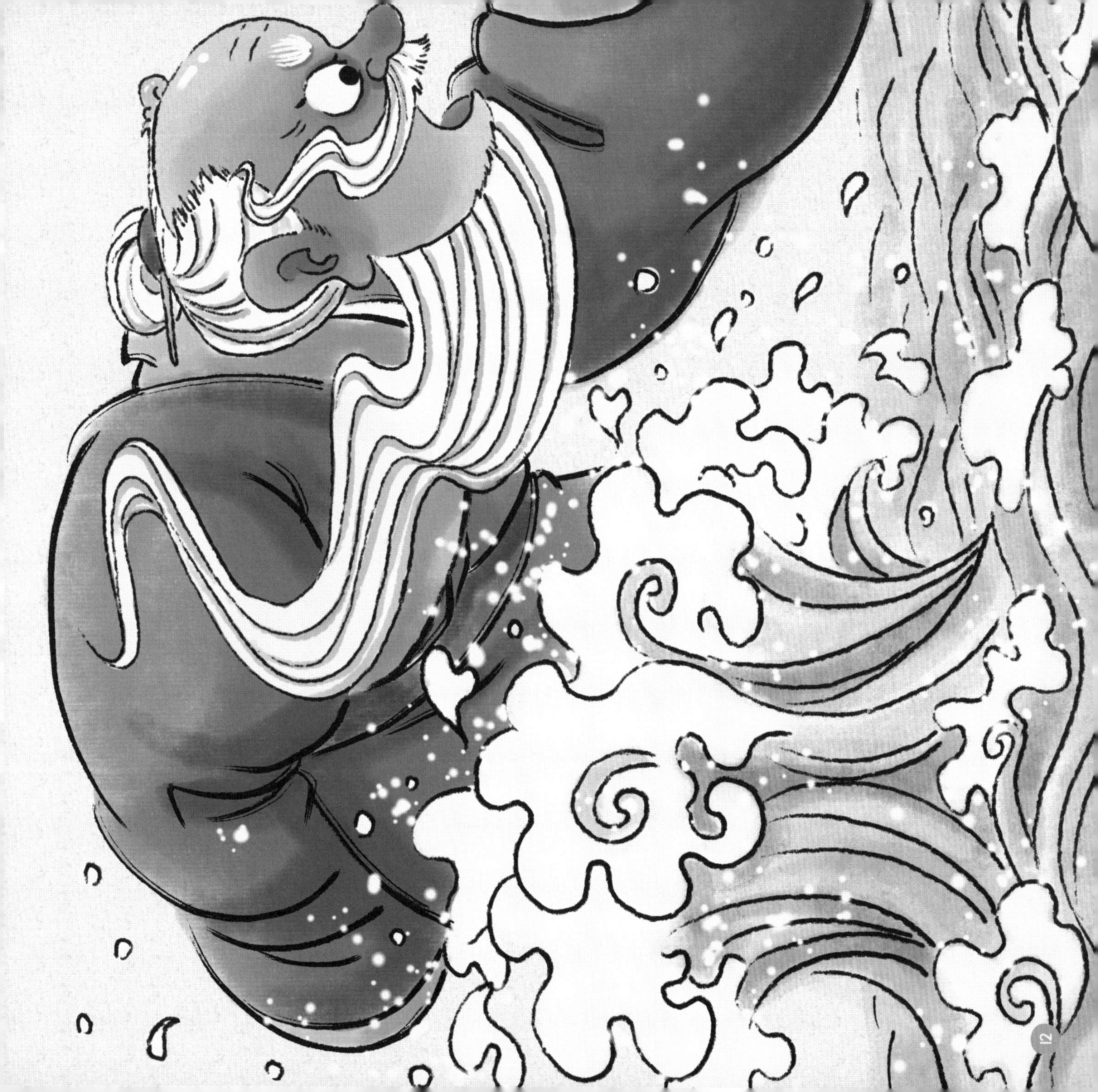

只见河伯一伸手，凭空变出了一个精致的瓷碗，递到小牧童面前，问道：

“你能不能用一个东西就把这个碗填满？”

小牧童听了直点头。

小牧童转身，在草丛里找到一块不大不小的石头，把它放进碗里。

“一个石头就可以填满这个碗。”他说。

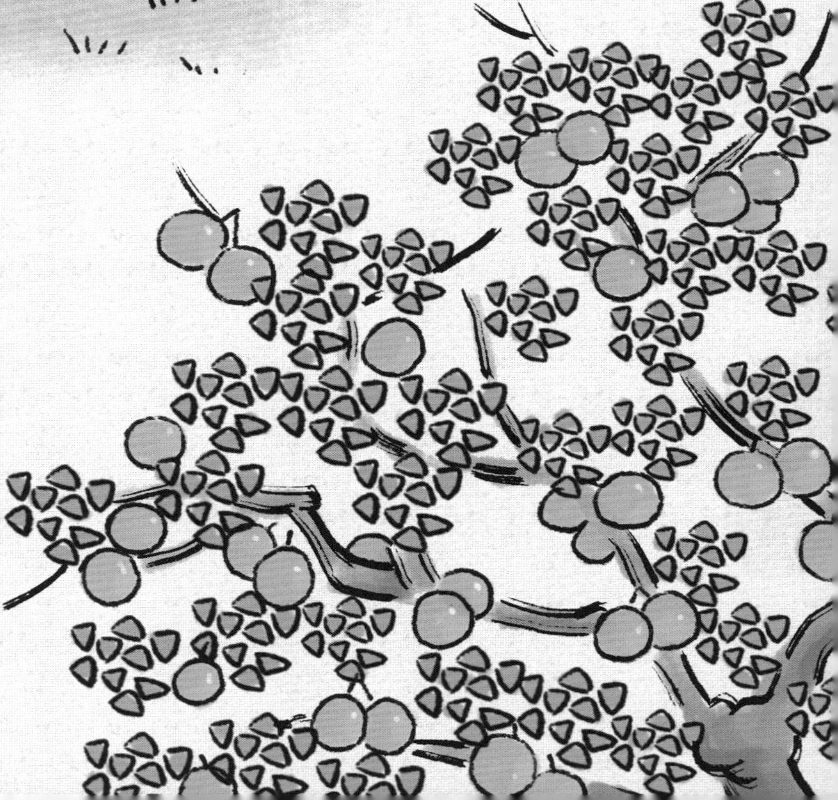

“你能不能用 10 个东西填满这个碗？”河伯接着问。

小牧童环顾了一下四周，点了点头，然后他朝着远处的一棵李子树跑去。

"10 个李子
可以填满这个碗。"
小牧童说。

河伯继续问：

"你能不能用
100 个东西填
满这个碗？"

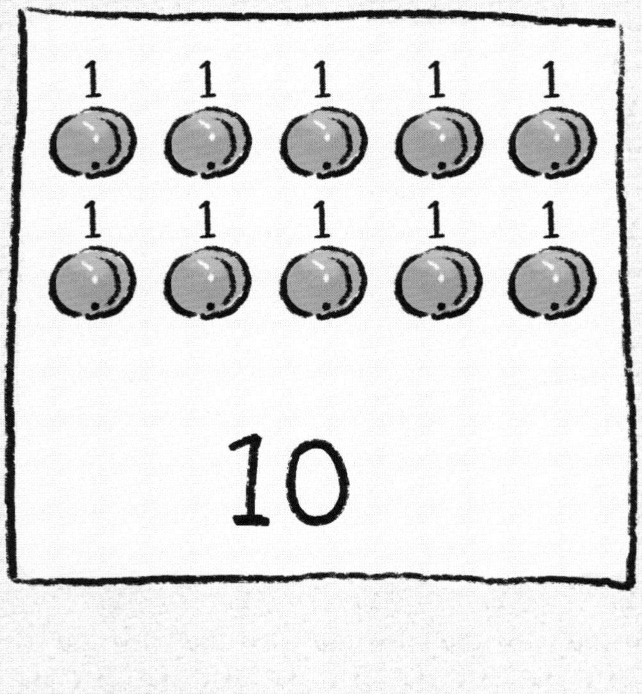

小牧童思索了一下，急匆匆地向村庄跑去。

很快，小牧童气喘吁吁地回来了，说：

“100 粒黄豆可以填满这个碗。”

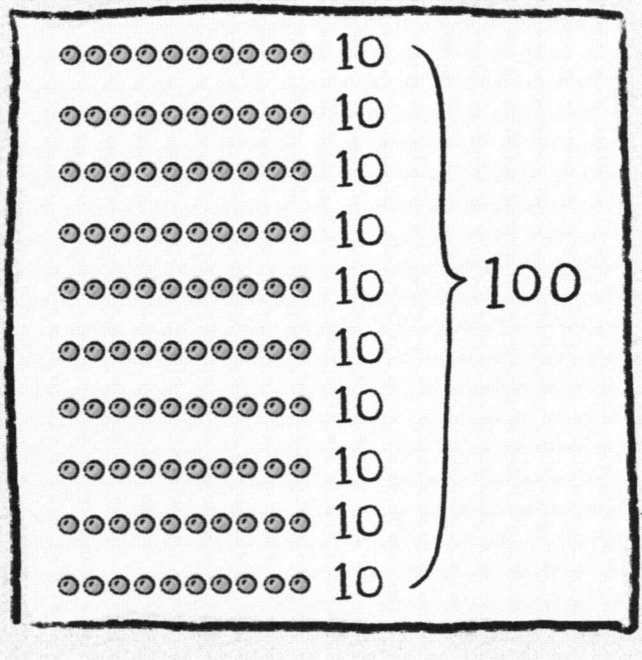

河伯的脸上露出了笑容，他捋了捋胡子，又问道：

“你能不能用1000个东西填满这个碗？”

这一次小牧童想都没想，就又向着村庄跑去。

过了好久，才见小牧童端着一碗金灿灿的稻谷回到河边。

“抱歉，河伯，我数了好长时间，1000 粒稻谷可以填满这个碗。”

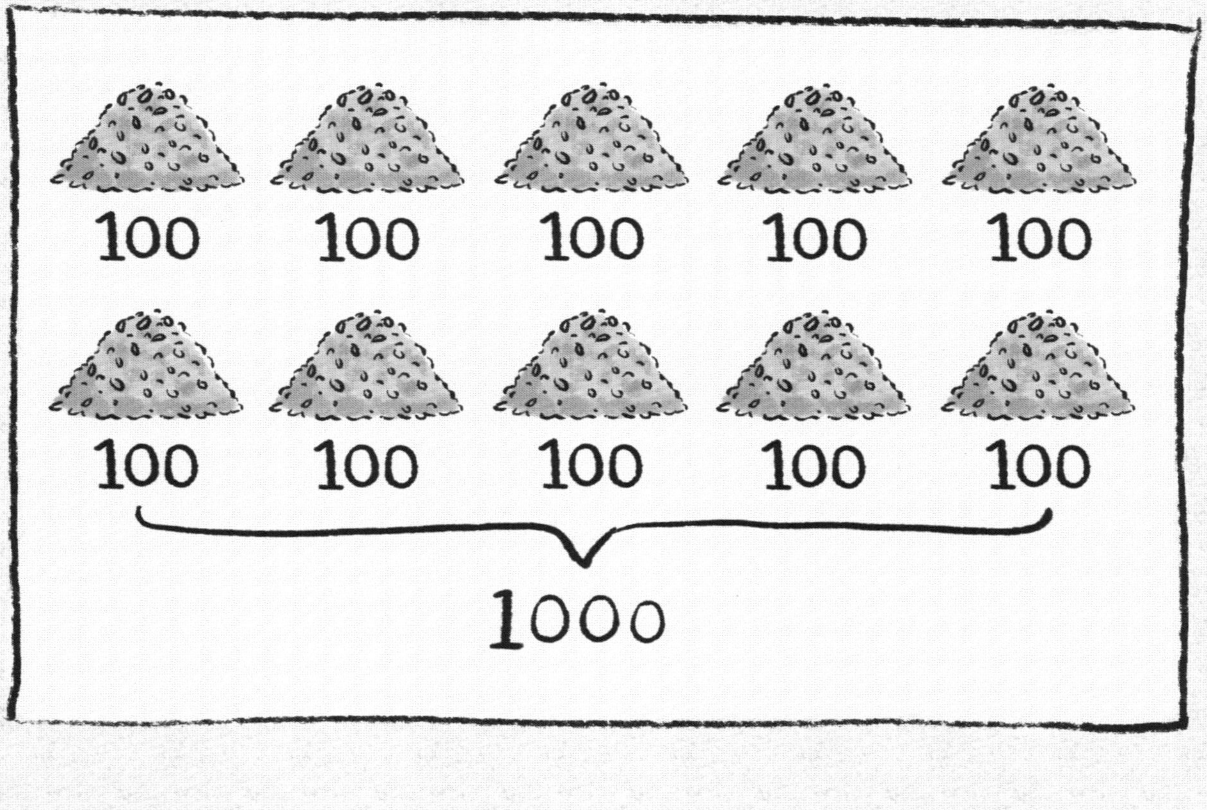

河伯满意地点点头，其实他的气早就消了，不过，他很想看看小牧童能否完成最后一道难题：

“那么你能不能用10000个东西填满这个碗呢？”

小牧童面露难色。

过了好久……

小牧童突然拿起碗，蹲下身子在河里舀起一碗水，端到河伯面前说道：

“千条线万条线，落进水里看不见。10000 滴雨水可以填满这个碗。”

河伯仰天大笑，消失在河面上，只留下层层涟漪，和飘荡在牧童耳边的一句话：

聪明的孩子，把你的牛牵回去吧！

·知识导读·

在这个有趣的绘本故事中，我们认识到了比10更大的数，同时，还能注意到这些越来越大的数之间，其实有一种奇妙的数量关系。细心的小朋友一定在绘本中看到了一幅幅逻辑结构图：10个1是10，10个10是100，10个100是1000……

这种计数方法叫作十进制计数法，也就是满十进一，它是世界上通用的计数制，每相邻的两个计数单位之间的进率是十，这恐怕是跟人有十根指头密切相关。十进制为表达更大的数提供了方法，随着数的认识的扩展，数位也在一次次扩充。

绘本让我们认识到了“10000”（读作“一万”）这个大数，那在万之后还有哪些更大的数吗？最大的数叫作什么呢？这些有意思的问题，家长可以和孩子一起查一查，这个寻找答案的过程是体会学习的乐趣和成就感的极好机会，也是点燃孩子对数学的兴趣的契机。

北京润丰学校小学低年级数学组长、一级教师　蒋慕香

思维导图

小牧童一不小心得罪了河伯，河伯给了他5个考验。机灵的小牧童开动小脑筋，用自己的聪明才智通过了考验。这5个考验分别是什么呢？小牧童又是怎样通过考验的呢？请看着思维导图，把这个故事讲给你的爸爸妈妈听吧！

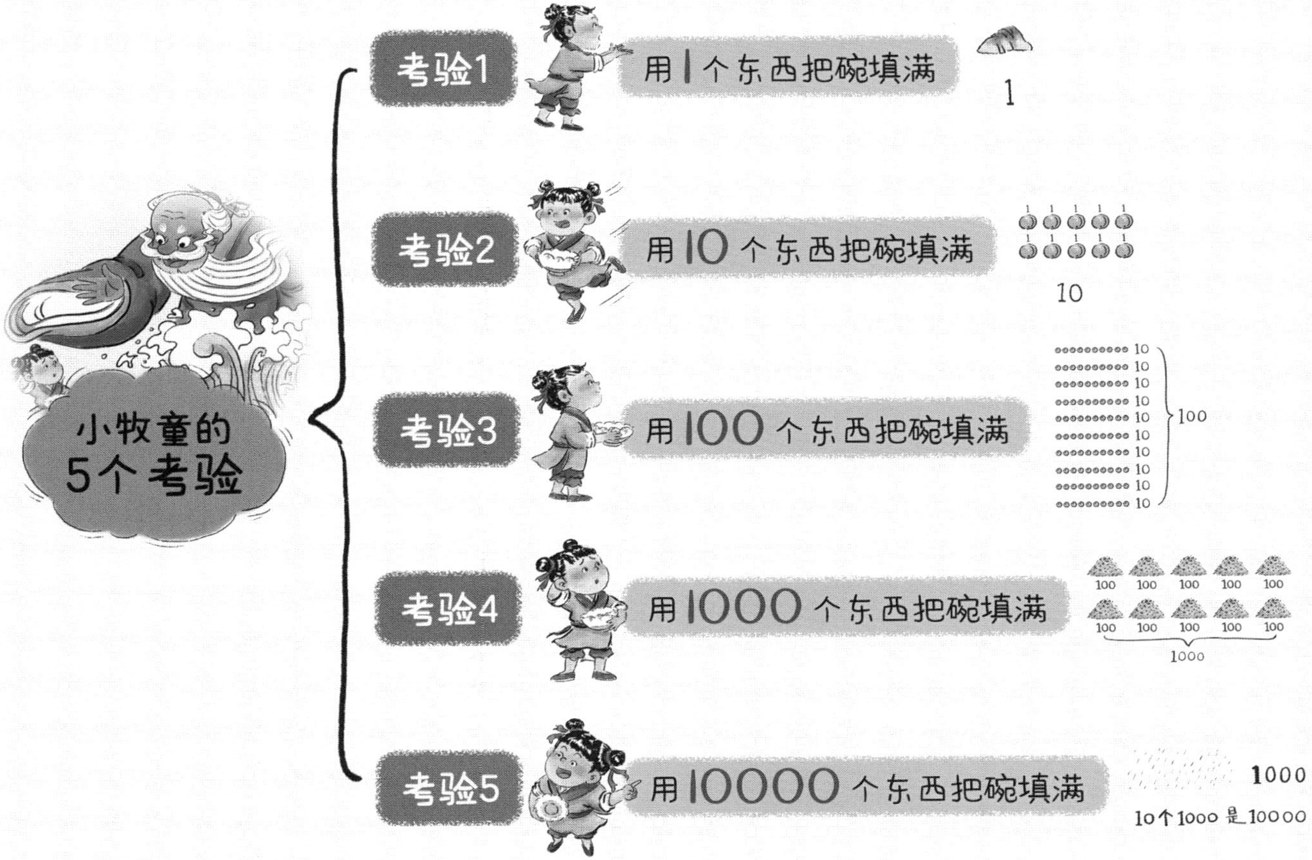
小牧童的
5个考验
考验1
用1个东西把碗填满
1
考验2
用10个东西把碗填满
10
考验3
用100个东西把碗填满
10
100
考验4
用1000个东西把碗填满
100
1000
考验5
用10000个东西把碗填满
1000
10个1000是10000

·小牧童买芝麻球·

小牧童要帮邻居买10个芝麻球，请你圈出小牧童要买走的10个芝麻球吧！

·丰收的李子树·

又是李子丰收的季节！树上大大小小结了不少果实，树下掉的也都是，请你帮小牧童数一数，树上树下一共有多少颗果实呢？

数一数，填一填：树上树下一共有（　　）颗果实。

数学真好玩

·连一连·

小朋友，读完了这个绘本里的故事，你是不是对10、100、1000、10000这几个数所代表的数量有一些初步的认知了呢？接下来，你能通过观察下面4张图片，大致地估计出图中物品的数量吗？请把图片和你估计的数连起来吧。

土豆

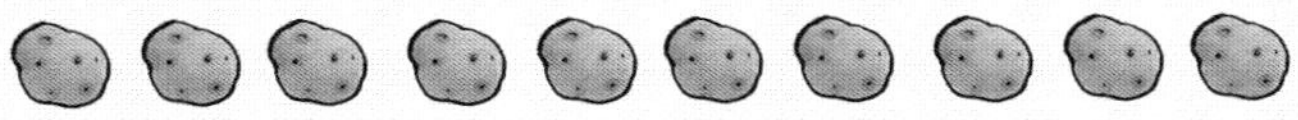

秧苗

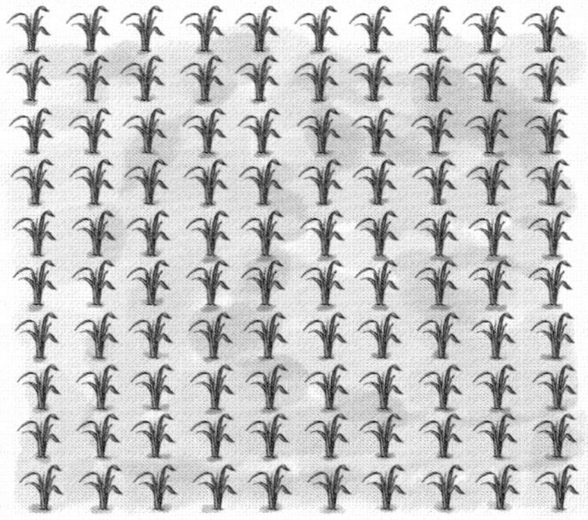

花生

芝麻

10　　100　　1000　　10000

·生活中的大数·

数在生活中无处不在，数的产生更是离不开现实生活。家长可以根据孩子在日常生活中遇到的一些事物，用具体的事物去呈现生活中能接触到的一些大数，让孩子感受大数，并理解数的概念。

1. 利用日常事物感受大数

比如教师办公室里的一包包打印纸、超市里一堆又一堆的苹果、公园里的一朵朵鲜花等。

2. 利用生活中的素材培养数感

我们在公园散步或外出游玩时，会遇到各种各样的数字提示牌。比如，公园健步道一般会有“100米”“200米”等标识；我们爬山的时候也会遇到各种数字标识牌，比如“距离某某峰还有400米”“此山海拔为2500米”等，这些都是培养孩子认识大数，通过身体感知和感受数的意义的好机会。

3. 用日常事物建立整十、整百、整千、整万之间的关系

10个10组成100，那面值为10元和面值为100元的钞票是什么关系？10个100组成1000，那“我”是不是跑10个100米就能完成1000米了？这样一来，孩子能从不同维度切实感受到“100”和“1000”所代表的数量，从而加强数学和生活的联系，形成良好的数感。

知识点结业证书

亲爱的______________小朋友，

恭喜你顺利完成了知识点“**认识大数**”的学习，你真的太棒啦！你瞧，数学并不难，还很有意思，对不对？

下面是属于你的徽章，请你为它涂上自己喜欢的颜色，之后再开启下一册的阅读吧！